Abdelhafid Mimouni

Bioinorgânicos decifram o Clostridium botulinum

Abdelhafid Mimouni

Bioinorgânicos decifram o Clostridium botulinum

ScienciaScripts

Cover image: www.ingimage.com

This book is a translation from the original published under ISBN 978-620-6-71437-8.

Publisher:
Sciencia Scripts
is a trademark of
Dodo Books Indian Ocean Ltd. and OmniScriptum S.R.L publishing group

120 High Road, East Finchley, London, N2 9ED, United Kingdom
Str. Armeneasca 28/1, office 1, Chisinau MD-2012, Republic of Moldova, Europe
Printed at: see last page
ISBN: 978-620-8-04103-8

Bioinorgânicos decifram o Clostridium botulinum

Autor: O Dr. Abdelhafid Mimouni é um investigador independente especializado em química de sistemas bioinorgânicos, com vasta experiência em síntese e caraterização macromoleculares. Obteve o seu doutoramento em química pela Universidade de Paris XII em 1997 e um Diplôme d'Études Approfondies em sistemas bioinorgânicos pela Universidade de Paris XI em 1993.

Resumo:

Este livro aprofundado sobre Clostridium botulinum e a sua neurotoxina, a toxina botulínica, explora em pormenor os aspectos biológicos e químicos desta bactéria anaeróbia. Centrando-se na química bioinorgânica, examina a forma como o Clostridium botulinum utiliza metais e metaloenzimas para metabolizar e proteger-se em ambientes hostis. A estrutura e o mecanismo de ação da toxina botulínica são explicados em pormenor, revelando como interfere com a transmissão nervosa para aplicações inovadoras. São abordadas as considerações éticas e os desafios regulamentares, bem como os recentes avanços tecnológicos que melhoram a sua eficácia e segurança. Em conclusão, este livro oferece uma exploração aprofundada e interdisciplinar do Clostridium botulinum e da toxina botulínica, destacando o seu potencial contínuo para a investigação científica e a inovação tecnológica.

Índice

Introdução

Visão geral do Clostridium botulinum

O Clostridium botulinum é uma bactéria anaeróbia, Gram-positiva, formadora de esporos, amplamente conhecida pela sua capacidade de produzir uma das toxinas mais potentes do mundo: a toxina botulínica. Esta bactéria ocorre naturalmente no solo, na água e nos sedimentos, e pode sobreviver em condições ambientais difíceis graças à sua capacidade de formar esporos resistentes. Quando encontra um ambiente adequado, nomeadamente na ausência de oxigénio, a Clostridium botulinum pode desenvolver-se e produzir toxinas que inibem a libertação de acetilcolina, uma molécula essencial para a transmissão de sinais nervosos aos músculos.

História e descoberta da toxina botulínica

A história do Clostridium botulinum e da sua toxina começa no início do século XIX. Em 1793, casos de intoxicação alimentar na região de Württemberg, na Alemanha, atraíram a atenção do médico Justinus Kerner. Entre 1817 e 1822, Kerner publicou várias obras que descreviam os sintomas de uma doença misteriosa a que chamou "salmão envenenado", que atribuiu a uma toxina presente em salsichas contaminadas. Kerner suspeitava que esta toxina actuava sobre o sistema nervoso e propôs mesmo a sua utilização terapêutica para tratar certas perturbações neurológicas.

O termo "botulismo" deriva da palavra latina "botulus" que significa "salsicha", em referência às observações iniciais de Kerner. No entanto, só no final do século XIX é que a ligação entre a bactéria e a toxina foi formalmente estabelecida. Em 1895, um epidemiologista belga, Emile van Ermengem, identificou o Clostridium botulinum como o agente causador de uma intoxicação alimentar após o consumo de fiambre contaminado. Van Ermengem conseguiu isolar a bactéria e demonstrar que a toxina que produzia era responsável pelos sintomas observados nos pacientes.

Ao longo das décadas, a investigação sobre o Clostridium botulinum e a toxina botulínica tem progredido significativamente. Durante a Segunda Guerra Mundial, os cientistas começaram a explorar a potencial utilização da toxina como arma biológica devido à sua extrema potência. No entanto, esta investigação também levou a descobertas cruciais sobre a utilização terapêutica da toxina botulínica. Na década de 1970, o Dr. Alan Scott utilizou a toxina botulínica tipo A para tratar o estrabismo, marcando o início da utilização médica desta substância.

Atualmente, a toxina botulínica é utilizada numa variedade de campos médicos e cosméticos. É habitualmente utilizada para tratar doenças como espasmos musculares, distonia cervical, hiperidrose e até para reduzir as rugas faciais. Os tratamentos com toxina botulínica requerem uma administração precisa e controlada por profissionais de saúde qualificados.

Em termos de tratamento, são frequentemente utilizados vários antibióticos para tratar as infecções por Clostridium botulinum. As penicilinas e os metronidazóis são normalmente prescritos para erradicar a infeção bacteriana, embora o tratamento primário dos casos de botulismo envolva frequentemente cuidados de suporte intensivos para contrariar os efeitos da toxina.

Esta introdução estabelece as bases para uma exploração mais aprofundada da bioquímica do Clostridium botulinum, dos mecanismos de ação da toxina botulínica e das suas aplicações e implicações clínicas, ao mesmo tempo que fornece uma visão histórica crucial para compreender a evolução do nosso conhecimento e utilização desta bactéria e da sua toxina.

Capítulo 1: Biologia do Clostridium botulinum

Morfologia e classificação

O Clostridium botulinum é uma bactéria pertencente à família Clostridiaceae. Morfologicamente, apresenta-se sob a forma de bacilos rectos ou ligeiramente curvos, normalmente com 4 a 6 micrómetros de comprimento e cerca de 1 micrómetro de largura. É Gram-positiva, o que significa que retém o corante violeta de cristal na coloração de Gram, devido à estrutura particular da sua parede celular rica em peptidoglicano.

Classificada como uma bactéria anaeróbia estrita, a C. botulinum só pode sobreviver na ausência de oxigénio. Esta caraterística resulta da sua estrutura enzimática e do seu metabolismo, que não toleram a presença de oxigénio. No entanto, estudos filogenéticos mostram que os seus antepassados eram provavelmente bactérias aeróbias. A evolução da C. botulinum para uma forma anaeróbia pode ser explicada pela adaptação progressiva a ambientes privados de oxigénio, onde a bactéria encontrou uma vantagem selectiva ao explorar nichos ecológicos específicos, como os solos e os sedimentos profundos.

Crescimento e esporulação

O Clostridium botulinum cresce em condições anaeróbias óptimas, com uma temperatura óptima de crescimento entre 35°C e 40°C para estirpes mesófilas. Num ambiente anaeróbico, as bactérias utilizam compostos orgânicos, como o ácido pirúvico, para produzir energia através da fermentação. O crescimento é também influenciado pelo pH do meio, que deve situar-se entre 4,6 e 8,5.

Quando confrontado com condições ambientais desfavoráveis, tais como a presença de oxigénio, temperaturas extremas ou falta de nutrientes, o C. botulinum entra numa fase de esporulação. A esporulação é um processo complexo através do qual a bactéria forma endosporos resistentes capazes de sobreviver a condições ambientais hostis. Estes endosporos podem permanecer viáveis durante anos e germinar quando as condições se tornam novamente favoráveis. Esta capacidade de esporulação assegura a persistência e a disseminação da bactéria numa variedade de ambientes.

Habitat e factores ambientais

O Clostridium botulinum é ubíquo, ocorrendo principalmente em solos, sedimentos aquáticos e ambientes ricos em matéria orgânica. A bactéria desenvolve-se em nichos anaeróbicos naturais, como o fundo do mar, pântanos e intestinos de animais.

Os factores ambientais influenciam fortemente a sobrevivência e o crescimento de C. botulinum. Na ausência de oxigénio, a bactéria pode proliferar em condições de baixa acidez, temperaturas moderadas e na presença de matéria orgânica. A temperatura desempenha um papel crucial: algumas estirpes psicrotróficas podem desenvolver-se a temperaturas tão baixas como 3°C, enquanto outras, que são termofílicas, preferem temperaturas mais elevadas, até 45°C.

Historicamente, os antepassados do Clostridium botulinum eram provavelmente aeróbios e evoluíram para uma forma anaeróbia em resposta a pressões ambientais. A capacidade destas bactérias para explorar nichos privados de oxigénio permitiu-lhes adaptarem-se e sobreviverem numa variedade de habitats. Esta transição evolutiva para a anaerobiose foi facilitada pela capacidade da bactéria de formar esporos, assegurando a sua persistência apesar das condições desfavoráveis.

Presença potencial na cavidade oral

A cavidade oral, apesar de ser maioritariamente aeróbia, pode conter microambientes anaeróbios, nomeadamente nas bolsas periodontais e nas cáries profundas. Estas condições são geralmente propícias ao crescimento de bactérias anaeróbias específicas, como o Streptococcus mutans e o Lactobacillus, que são responsáveis pela cárie dentária ao produzirem ácidos que desmineralizam o esmalte dentário.

Embora o Clostridium botulinum raramente esteja associado a infecções dentárias, a sua presença teórica na cavidade oral não pode ser totalmente excluída. Condições anaeróbicas estritas, combinadas com matéria orgânica em decomposição, poderiam proporcionar um ambiente favorável à sua sobrevivência. No entanto, as infecções dentárias típicas não proporcionam condições ideais para o desenvolvimento do C. botulinum.

Os cuidados dentários modernos, incluindo o tratamento de cáries e a remoção de tecido necrótico, reduzem consideravelmente o risco de colonização por agentes patogénicos atípicos como o C. botulinum. Em casos de infeção grave, são frequentemente utilizados antibióticos como as penicilinas e os metronidazóis para combater as bactérias anaeróbias envolvidas nas infecções dentárias.

Esta secção explora a possibilidade, embora rara, de o Clostridium botulinum estar presente na cavidade oral e salienta a importância de compreender as condições ambientais específicas necessárias para a sua sobrevivência e proliferação.

Capítulo 2: Mecanismo da Toxina Botulínica

Estrutura e tipos de Toxinas Botulínicas (A-G)

As toxinas botulínicas são uma família de neurotoxinas produzidas pela bactéria Clostridium botulinum. Existem sete tipos distintos de toxina botulínica, designados de A a G. Cada uma destas toxinas tem uma estrutura proteica semelhante, mas variações específicas que lhes conferem propriedades e mecanismos de ação únicos.

A toxina botulínica é constituída por duas cadeias polipeptídicas: uma cadeia pesada (100 kDa) e uma cadeia ligeira (50 kDa), ligadas por uma ligação dissulfureto. A cadeia pesada é responsável pela ligação e translocação da toxina no interior das células nervosas, enquanto a cadeia leve tem uma atividade de protease que cliva proteínas essenciais para a libertação do neurotransmissor acetilcolina.

Em termos bioinorgânicos, é interessante notar que as toxinas botulínicas são metaloproteínas. $^{2+}$Contêm iões de zinco (Zn) no seu sítio ativo, que são essenciais para a sua atividade enzimática. O zinco desempenha um papel crucial na estabilização da estrutura da toxina e catalisa a clivagem das proteínas alvo.

Mecanismo de ação: Como a toxina afecta as células nervosas

O mecanismo de ação da toxina botulínica baseia-se numa série de etapas precisas:

1 Ligação: A cadeia pesada da toxina liga-se especificamente a receptores na membrana das células nervosas nas junções neuromusculares.

2 Endocitose: A toxina é internalizada por endocitose, formando uma vesícula no interior da célula nervosa.

3 Translocação: A acidificação da vesícula faz com que a cadeia pesada forme um canal transmembranar, permitindo que a cadeia leve entre no citoplasma da célula.

4 Clivagem de proteínas: A cadeia leve, que contém um ião zinco no seu sítio ativo, cliva especificamente as proteínas SNARE (Soluble N-ethylmaleimide-sensitive fator Attachment protein REceptor), como a SNAP-25, a sintaxina ou a sinaptobrevina. Estas proteínas são cruciais para a fusão das vesículas sinápticas com a membrana plasmática, um processo necessário para a libertação de acetilcolina.

5 Inibição da libertação de acetilcolina: Ao clivar as proteínas SNARE, a toxina impede a libertação de acetilcolina, levando à paralisia flácida dos músculos afectados.

Diferenças entre os tipos de toxinas e os seus efeitos

Cada tipo de toxina botulínica (A-G) difere ligeiramente na sua estrutura proteica, na sua especificidade para clivar as proteínas SNARE e na sua afinidade para os receptores neuronais. Estas diferenças influenciam a eficácia, a duração da ação e as aplicações clínicas de cada toxina.

-Toxina A: A mais utilizada clinicamente, tem como alvo a SNAP-25 e tem uma longa duração de ação, o que a torna eficaz no tratamento de uma variedade de condições médicas, incluindo perturbações do movimento e rugas faciais.

-Toxina B: Tem como alvo a sinaptobrevina e é utilizada como alternativa quando os doentes desenvolvem resistência à toxina A.

Toxinas -C-G : Menos comuns na prática clínica, apresentam variações no local de clivagem da proteína SNARE e têm aplicações mais específicas ou experimentais.

As diferenças bioinorgânicas entre estas toxinas, em particular a composição dos iões metálicos e a estrutura dos sítios activos, determinam o seu mecanismo de reconhecimento do alvo e a sua eficácia enzimática. Por exemplo, as variações na coordenação dos iões de zinco nas cadeias leves influenciam diretamente a atividade proteolítica de cada toxina.

Capítulo 3: Bioinorgânicos de Clostridium botulinum

O Clostridium botulinum é uma bactéria anaeróbia estrita que possui várias metaloproteínas e enzimas essenciais para o seu metabolismo e sobrevivência em ambientes privados de oxigénio. Estes componentes bioinorgânicos desempenham um papel crucial em vários processos celulares, incluindo a regulação da resposta ao stress oxidativo e à patogénese.

Metaloproteínas e Enzimas Metálicas

Ferritina e armazenamento de ferro

O Clostridium botulinum possui ferritina, uma proteína capaz de armazenar ferro sob a forma de ferricidade, a fim de manter a homeostase do ferro em condições anaeróbias. O ferro é um cofator essencial para várias enzimas e processos celulares, incluindo a resposta ao stress oxidativo. O ferro está envolvido na redução dos peróxidos, protegendo as bactérias contra os danos oxidativos. A ferritina desempenha um papel crucial na regulação dos níveis de ferro intracelular, assegurando um fornecimento adequado de ferro para os processos metabólicos e evitando os efeitos tóxicos do excesso de ferro.

Metaloenzimas envolvidas no metabolismo da energia :

- **Hidrogenase**: Esta enzima contém centros metálicos ferro-enxofre e níquel-ferro, envolvidos no metabolismo do hidrogénio, uma fonte de energia essencial para as bactérias na ausência de oxigénio. O Clostridium botulinum utiliza a hidrogenase para metabolizar o hidrogénio, produzindo energia sob a forma de ATP, contribuindo assim para a sobrevivência da bactéria em meio anaeróbio.

Nitrogenase: Outra enzima crucial para o Clostridium botulinum é a nitrogenase, que contém ferro-molibdénio. A nitrogenase permite que as bactérias fixem o azoto atmosférico, uma fonte essencial de azoto para a síntese de aminoácidos e outros compostos biológicos essenciais para o crescimento bacteriano. Este processo de fixação do azoto é vital porque permite que as bactérias cresçam em ambientes onde as fontes de azoto orgânico são limitadas.

Metabolismo do enxofre e dos metais

O Clostridium botulinum também utiliza metaloenzimas para metabolizar o enxofre e outros metais, como o manganês e o zinco, que são essenciais para várias reacções bioquímicas e para a defesa contra o stress ambiental. Por exemplo, enzimas como as superóxido dismutases (SODs) contendo manganês ajudam a neutralizar os radicais livres produzidos durante o stress oxidativo. Além disso, o zinco está frequentemente envolvido na regulação da atividade enzimática, em particular nas enzimas envolvidas na síntese de ácidos nucleicos e proteínas.

Em conjunto, estas metaloproteínas e metaloenzimas demonstram a notável adaptação da Clostridium botulinum ao seu ambiente anaeróbico estrito, utilizando os metais como cofactores para processos metabólicos essenciais e protegendo-se contra as pressões ambientais. A compreensão destes mecanismos bioinorgânicos não só lança luz sobre a biologia fundamental da bactéria, como também abre perspectivas para a futura exploração biotecnológica destes processos.. .

Regulação e adaptação ao stress oxidativo

Devido ao seu habitat anaeróbio, o Clostridium botulinum desenvolveu estratégias bioquímicas sofisticadas para se proteger contra o stress oxidativo, incluindo a utilização de metaloproteínas como as catalases, as superóxido dismutases e as enzimas à base de metais para neutralizar as espécies reactivas de oxigénio.

Implicações biotecnológicas

A compreensão do papel das metaloproteínas e das metaloenzimas no Clostridium botulinum abre caminhos promissores para a engenharia metabólica e a biotecnologia. Por exemplo, a otimização das enzimas envolvidas no metabolismo dos metais poderia melhorar a produção de biomassa e de compostos de interesse industrial.

Conclusão

Em resumo, o Clostridium botulinum é altamente dependente de metaloproteínas e enzimas metálicas para o seu metabolismo e sobrevivência num ambiente anaeróbio. Estes componentes bioinorgânicos desempenham um papel essencial em vários processos celulares, desde a regulação do metabolismo energético até à proteção contra o stress oxidativo. O seu estudo aprofundado abre caminho a novas aplicações biotecnológicas e a uma melhor compreensão da biologia desta bactéria patogénica.

Capítulo 4: Aplicações bioquímicas e botulismo

O Clostridium botulinum e a sua toxina, a toxina botulínica, têm uma variedade de aplicações em diferentes domínios, principalmente devido às suas propriedades únicas de modulação das neurotransmissões e da atividade muscular. Devido a estas caraterísticas, são utilizadas no tratamento de espasmos musculares e rugas, bem como noutros contextos terapêuticos e cosméticos.

A toxina botulínica actua principalmente através da inibição da libertação de acetilcolina nas junções neuromusculares, resultando numa redução temporária das contracções musculares. Este mecanismo é utilizado para reduzir a atividade muscular excessiva em situações como espasmos musculares localizados e distonia. Por exemplo, em situações de contração muscular involuntária, como o torcicolo espasmódico, a toxina botulínica é utilizada para reduzir a frequência e a intensidade das contracções.

Para além dos seus efeitos sobre a atividade muscular, a toxina botulínica é também utilizada para aliviar as condições de dor crónica, como as enxaquecas. É aplicada localmente, geralmente por injeção, visando precisamente as fibras musculares em causa sem perturbar a função muscular global. Os efeitos começam a aparecer alguns dias após a injeção, atingindo o seu pico após uma a duas semanas.

Estudos confirmaram a eficácia da toxina botulínica numa variedade de aplicações, mostrando uma melhoria acentuada dos sintomas e da qualidade de vida das pessoas tratadas. Estes resultados são influenciados por factores como a dose administrada e o método de injeção, bem como a resposta individual ao tratamento.

O Clostridium botulinum também é conhecido por ser a fonte de uma doença potencialmente fatal chamada botulismo, que se manifesta de diferentes formas:

Botulismo alimentar: Causado pela ingestão de alimentos que contêm toxina botulínica, frequentemente em resultado de uma má conservação ou preparação dos alimentos.

Botulismo de feridas: resultante da penetração de esporos numa ferida aberta, onde produzem toxina.

Botulismo infantil: Forma rara que afecta os bebés, frequentemente associada à ingestão de esporos em alimentos como o mel.

Botulismo por inalação: Causado pela inalação da toxina, geralmente num laboratório ou num ambiente industrial.

Os sintomas do botulismo incluem fraqueza muscular, visão turva, dificuldade em engolir, boca seca e paralisia progressiva. O diagnóstico baseia-se frequentemente nestes sinais, confirmados pela deteção da toxina nas secreções corporais ou nos alimentos.

O tratamento do botulismo envolve a administração de uma antitoxina específica para neutralizar a toxina em circulação. São frequentemente necessários cuidados intensivos, incluindo suporte respiratório e supervisão médica rigorosa. Pode ser necessária uma reabilitação a longo prazo para restaurar a função muscular.

Em conclusão, o Clostridium botulinum e a sua toxina têm aplicações significativas em vários domínios, mas também apresentam sérios riscos de botulismo. É essencial um conhecimento profundo da sua bioquímica e farmacologia para maximizar os seus benefícios e minimizar os riscos associados.

Capítulo 5. Segurança e regulamentação

Produção e purificação da Toxina Botulínica

A produção e a purificação da toxina botulínica representam desafios significativos devido à toxicidade potencialmente elevada da toxina e aos riscos associados ao seu manuseamento.

A toxina botulínica é produzida por estirpes de Clostridium botulinum em condições estritamente controladas. As bactérias produzem a toxina sob a forma de um precursor inativo, que é depois purificado para remover potenciais impurezas, mantendo a atividade biológica da toxina.

Aspectos regulamentares e medidas de segurança

Devido à sua toxicidade, a produção, o transporte e a utilização clínica e cosmética da toxina botulínica são estritamente regulamentados. As autoridades reguladoras impõem normas rigorosas para garantir a segurança dos trabalhadores e do público.

As medidas de segurança incluem a utilização de equipamento de proteção individual (EPI) ao manusear a toxina, bem como procedimentos rigorosos para a produção e purificação. As instalações de produção devem cumprir normas elevadas de biossegurança para evitar acidentes e fugas de toxinas.

Avaliação e gestão dos riscos na utilização clínica e cosmética

A utilização clínica e cosmética da toxina botulínica implica uma avaliação cuidadosa dos riscos e uma gestão adequada para minimizar os efeitos adversos.

Os principais riscos incluem a difusão da toxina para áreas não visadas, causando fraqueza muscular excessiva, bem como potenciais reacções alérgicas. Os profissionais devem receber formação sobre a administração segura da toxina e o controlo de eventuais complicações.

Problemas nos cosméticos e a utilização de nitratos

Os produtos cosméticos que contêm toxina botulínica devem ser utilizados com precaução devido ao risco potencial de difusão e efeitos adversos, mesmo à distância do local de injeção. Os regulamentos sobre cosméticos variam de país para país, mas todos exigem certificação e formação adequada para a utilização da toxina botulínica.

Os nitratos são frequentemente utilizados para combater o Clostridium botulinum nos produtos alimentares. No entanto, existem riscos associados à sua utilização, uma vez que os nitratos podem ser tóxicos em concentrações elevadas. Podem também reagir com proteínas para formar compostos cancerígenos, como a nitrosamina.

Em conclusão, a segurança e a regulamentação em torno da toxina botulínica são cruciais para garantir a sua utilização segura e eficaz em aplicações clínicas e cosméticas. A produção e o manuseamento da toxina devem seguir protocolos rigorosos para minimizar os riscos para a saúde pública e o ambiente.

Capítulo 6. Perspectivas futuras

Investigação de novas aplicações

A investigação sobre a toxina botulínica abriu novas e excitantes vias para a sua utilização numa variedade de domínios médicos e não médicos. As novas aplicações potenciais incluem:

Tratamento de doenças neurológicas: Estão em curso estudos exploratórios para avaliar a eficácia da toxina botulínica no tratamento de doenças neurológicas como a enxaqueca crónica, a distonia e até a depressão resistente ao tratamento.

Aplicações dermatológicas: Em dermatologia, a toxina botulínica está a ser estudada pelos seus efeitos anti-envelhecimento e para o tratamento de doenças da pele como a hiperidrose (transpiração excessiva) e lifting facial não cirúrgico.

-Terapias específicas : Estão em curso investigações para desenvolver terapias específicas, como a administração de toxinas geneticamente modificadas para prolongar a sua duração de ação e melhorar a sua eficácia.

Avanços tecnológicos na Toxina Botulínica

Os avanços tecnológicos no domínio da toxina botulínica têm como objetivo melhorar a sua produção, estabilidade e utilização clínica:

-Produção melhorada : Os métodos de produção recombinante permitem obter quantidades maiores e mais puras de toxina botulínica, reduzindo os custos de produção e os riscos associados à utilização de bactérias patogénicas.

-Nanotecnologia e administração: Estão a ser estudadas técnicas avançadas de nanotecnologia para melhorar a administração da toxina botulínica, aumentando a sua biodisponibilidade e visando especificamente as áreas a tratar.

Tecnologias de administração não invasiva: Estão a ser desenvolvidos dispositivos de administração não invasiva para facilitar a administração da toxina botulínica, reduzindo a necessidade das técnicas de injeção tradicionais.

Considerações éticas e desafios futuros

Apesar das suas muitas aplicações promissoras, a utilização da toxina botulínica levanta questões e desafios éticos:

Segurança e riscos: É essencial continuar a estudar os efeitos a longo prazo da toxina botulínica, em particular os seus efeitos no desenvolvimento das crianças e a sua utilização a longo prazo em adultos.

-Acesso e equidade: O acesso aos tratamentos com toxina botulínica pode ser limitado devido ao seu elevado custo, criando disparidades no acesso aos cuidados de saúde.

-Educação e formação: É necessária uma formação adequada dos profissionais de saúde para garantir a utilização segura e eficaz da toxina botulínica, minimizando simultaneamente os riscos para os doentes.

Conclusão

Em conclusão, a investigação em curso sobre a toxina botulínica e os seus avanços tecnológicos estão a abrir caminho a potenciais novas aplicações em vários domínios médicos e estéticos. No entanto, é crucial abordar os desafios éticos, melhorar o acesso ao tratamento e garantir a utilização segura e ética desta poderosa neurotoxina.

Conclusão

Este livro explorou em profundidade as muitas facetas do Clostridium botulinum e da sua neurotoxina, a toxina botulínica, através da lente da química bioinorgânica. Desde a biologia e morfologia da bactéria até à estrutura e mecanismo de ação da toxina, cada capítulo oferece uma análise detalhada apoiada por avanços científicos recentes.

Descobrimos como esta bactéria anaeróbica evoluiu para sobreviver em ambientes hostis, utilizando metais e metaloenzimas para o seu metabolismo e proteção contra o stress ambiental. Explorámos em profundidade os mecanismos pelos quais a toxina botulínica perturba a transmissão nervosa, conduzindo a aplicações inovadoras no tratamento de uma variedade de doenças.

Ao longo deste livro, também examinámos os desafios éticos e regulamentares associados à utilização da toxina botulínica, bem como os avanços tecnológicos que estão a transformar a sua utilização. Estão a surgir perspectivas promissoras para o futuro, com a investigação de novas aplicações e avanços tecnológicos destinados a melhorar a segurança e a eficácia desta poderosa neurotoxina.

Por último, este livro realçou a importância crucial da investigação e do ensino contínuos no domínio da química bioinorgânica, sublinhando a interdisciplinaridade necessária para compreender e explorar o potencial do Clostridium botulinum e da toxina botulínica.

À medida que surgem novas descobertas e a tecnologia avança, é evidente que o Clostridium botulinum e a sua toxina botulínica continuarão a desempenhar um papel central na investigação científica, oferecendo novas perspectivas para o tratamento de doenças e para a melhoria da qualidade de vida.

Este livro tem como objetivo servir de guia abrangente e informativo para investigadores e estudantes interessados no papel fascinante da química bioinorgânica no estudo do Clostridium botulinum e da toxina botulínica, na esperança de inspirar novas ideias e descobertas neste campo excitante e em constante evolução.

Glossário :

Acetilcolina: Neurotransmissor envolvido na transmissão de sinais nervosos aos músculos.

Ácido pirúvico: Um composto orgânico fundamental no metabolismo energético celular.

Administração não invasiva: método de administração de medicamentos que não envolve perfuração ou penetração nos tecidos do corpo.

Anaeróbio: Organismo que pode viver e desenvolver-se na ausência de oxigénio.

Anaeróbio: Condições de crescimento sem oxigénio.

Antitoxina: Anticorpo utilizado para neutralizar uma toxina específica.

Bacillus: Bactéria em forma de bastonete.

Biodisponibilidade: Quantidade de fármaco que atinge a corrente sanguínea e está disponível para ser utilizado pelo organismo.

Bioinorgânica: Ramo da química bioquímica que estuda o papel dos metais nos sistemas biológicos.

Biossegurança: Conjunto de medidas destinadas a prevenir os riscos biológicos para a saúde humana e animal, bem como para o ambiente.

Catálise: Aceleração da velocidade de uma reação química por um catalisador.

Certificação: Processo de emissão de um documento que atesta a conformidade de um produto ou processo com normas específicas.

Centros metálicos ferro-enxofre: Aglomerados de ferro e enxofre em enzimas que catalisam reacções redox.

Cofator: Molécula não proteica necessária a uma enzima para a sua função catalítica.

Cosméticos: Produtos e tratamentos utilizados para melhorar a aparência física.

Distonia: doença neurológica caracterizada por contracções musculares involuntárias e prolongadas.

Distonia cervical: Distúrbio neurológico caracterizado por contracções musculares involuntárias no pescoço, levando a movimentos anormais e posturas desconfortáveis.

Distonia focal: Perturbação motora caracterizada por contracções musculares prolongadas e involuntárias.

Endocitose: Processo pelo qual uma célula absorve partículas externas envolvendo-as com a sua membrana celular.

Endósporo: Estrutura resistente formada no interior de certas bactérias, que lhes permite sobreviver em condições desfavoráveis.

Ambientes anaeróbios: Ambientes privados de oxigénio.

Equidade na saúde: Princípio segundo o qual todos os indivíduos devem ter igual acesso aos serviços de saúde, independentemente do seu estatuto socioeconómico ou origem étnica.

Fermentação: Processo metabólico anaeróbio em que os microrganismos convertem compostos orgânicos em energia.

Ferritina: Proteína de armazenamento de ferro que mantém a homeostase do ferro nas células.

Fixação do azoto: Conversão do azoto atmosférico em compostos que podem ser utilizados pelos organismos.

Formação adequada: Aprendizagem e prática adequadas dos procedimentos necessários para a utilização segura de um produto ou técnica específicos.

Formação profissional: processo de aquisição dos conhecimentos, das competências e das atitudes necessárias para o exercício de uma profissão específica.

Gram-positivas: Classificação das bactérias que retêm o corante violeta de cristal na coloração de Gram, devido à estrutura da sua parede celular.

Hidrogenase: Enzima que utiliza centros metálicos para catalisar a reação de hidrogénio.

Hiperidrose: Condição médica caracterizada por transpiração excessiva.

Injeção intramuscular: introdução de um medicamento diretamente num músculo.

Intoxicação alimentar: Doença causada pela ingestão de toxinas alimentares.

Ião dissulfureto: Ligação química que contém dois átomos de enxofre ligados entre si.

Ião férrico: Forma oxidada do ferro utilizada para armazenar e transportar o ferro.

Ião zinco (Zn^2+): ião metálico crucial para a atividade catalítica das toxinas botulínicas.

Doença respiratória aguda: Doença grave que afecta os pulmões e a respiração.

Mesófilo: Microrganismo que prefere condições de crescimento moderadas, normalmente entre 20°C e 45°C.

Metabolismo: Todas as reacções químicas que ocorrem num organismo para manter a vida.

Metabolismo energético: Todas as reacções químicas que ocorrem nas células para produzir energia.

Metaloproteínas: Proteínas que contêm iões metálicos na sua estrutura.

Metronidazol: Antibiótico e antiprotozoário utilizado para tratar várias infecções bacterianas e parasitárias.

Melada: Alimento produzido por insectos e que contém uma elevada percentagem de sacarose.

Nanotecnologia: Domínio da ciência e da tecnologia que manipula a matéria a uma escala nanométrica para criar novos materiais e dispositivos.

Neurotoxina: Substância tóxica que actua especificamente no sistema nervoso.

Neurotransmissor: Substância química libertada pelos neurónios para transmitir um sinal a outras células.

Nicho ecológico: Papel e posição de um organismo no seu ambiente, incluindo as suas interações com outros organismos e factores abióticos.

Níquel-ferro: centro metálico das enzimas, essencial para o metabolismo do hidrogénio.

Nitrato: Composto químico utilizado como conservante alimentar, por vezes utilizado para inibir o crescimento de Clostridium botulinum em produtos alimentares.

Nitrogenase: Enzima que contém ferro-molibdénio e que catalisa a fixação biológica do azoto atmosférico.

Nitrosamina: Composto químico cancerígeno formado pela reação entre nitratos e aminas.

Paralisia flácida: Um tipo de paralisia caracterizado por uma perda de tónus muscular e fraqueza generalizada.

Penicilinas: Grupo de antibióticos derivados do Penicillium utilizados no tratamento de infecções bacterianas.

Peptidoglicano: Componente principal da parede celular das bactérias Gram-positivas, que confere rigidez e proteção.

Protease: Enzima que catalisa a clivagem das ligações peptídicas nas proteínas.

Proteína: Macromolécula biológica constituída por uma ou mais cadeias de aminoácidos.

Psicrotrófico: Microrganismo capaz de crescer a baixas temperaturas, próximas de 0°C.

Radicais livres: Espécies químicas altamente reactivas que contêm um ou mais electrões não emparelhados.

Reacções alérgicas: respostas imunitárias exageradas do organismo a determinadas substâncias estranhas.

Reação redox: Reação química em que os electrões são transferidos entre os reagentes.

Recetor neuronal: proteína de superfície celular ou intracelular que recebe sinais para provocar uma resposta celular.

Reabilitação: O processo de restabelecimento da função normal após uma doença ou lesão.

Riscos para a saúde pública: Potenciais perigos para a saúde da população em geral.

Saúde pública: Disciplina que tem por objetivo melhorar a saúde da população em geral, com ênfase na prevenção de doenças e na promoção do bem-estar.

SNARE: Soluble N-ethylmaleimide-sensitive fator Attachment protein REceptor envolvido na fusão de vesículas sinápticas.

Esporulação: Processo pelo qual certas bactérias formam esporos resistentes para sobreviver em condições ambientais desfavoráveis.

Espasmos musculares: Contrações musculares involuntárias e frequentemente dolorosas.

Estrabismo: Distúrbio ocular em que os olhos não estão alinhados corretamente e olham em direcções diferentes.

Stress oxidativo: danos celulares causados por radicais livres e outras espécies reactivas de oxigénio.

Superóxido dismutase (SOD): Enzima que catalisa a dismutação do superóxido em oxigénio e peróxido de hidrogénio.

Toxina botulínica: Neurotoxina produzida pelo Clostridium botulinum, responsável pelo botulismo e utilizada para fins terapêuticos e cosméticos.

Toxina geneticamente modificada: Uma toxina cujo gene foi alterado para melhorar as suas propriedades farmacológicas ou reduzir a sua toxicidade.

Terapia dirigida: abordagem médica que visa especificamente tratar uma doença ou perturbação sem afetar o tecido saudável circundante.

Termófilo: Organismo que prefere temperaturas elevadas para o seu crescimento.

Ubíquo: Um organismo que pode ser encontrado em muitos tipos diferentes de ambiente.

Vesícula sináptica: Pequena vesícula que contém neurotransmissores na junção neuromuscular, pronta a ser libertada quando o sinal nervoso é transmitido.

Referências :

1 Dover, N., Barash, J. R., Hill, K. K., Detter, J. C., & Arnon, S. S. (2009). Mechanisms of Botulinum Neurotoxin Action and Detection Methods (Mecanismos de Ação da Neurotoxina Botulínica e Métodos de Deteção). Frontiers in Bioscience, 14, 192-207. https://doi.org/10.2741/3262

2 Foster, K. A., & Fung, K. K. (Eds.). (2005). Botulinum Toxin: Therapeutic Clinical Practice and Science. CRC Press.

3 Nigam, P. K., & Nigam, A. (2010). Botulinum Toxin: A Clinical Overview. American Journal of Clinical Dermatology, 11(3), 149-159. https://doi.org/10.2165/11319440-000000000-00000

4 Van Ermengem, E. (1897). Über einen neuen anaëroben Bacillus und seine Beziehungen zum Botulismus. Zeitschrift für Hygiene und Infektionskrankheiten, 26(1), 1-56. https://doi.org/10.1007/BF02243160

5 Kerner, J. (1822). Neue Beobachtungen über die in Württemberg so häufig vorfallenden tödlichen Vergiftungen durch den Genuss geräucherter Würste. Tübingen.

6 Centros de Controlo e Prevenção de Doenças. (2020). Botulismo. Recuperado de https://www.cdc.gov/botulism/index.html

7 Organização Mundial de Saúde. (2019). Toxina Botulínica. Recuperado de https://www.who.int/biologicals/areas/toxins/botulinum/en/.

8. Dover, N., Barash, J. R., Hill, K. K., Detter, J. C., & Arnon, S. S. (2009). Mechanisms of Botulinum Neurotoxin Action and Detection Methods (Mecanismos de Ação da Neurotoxina Botulínica e Métodos de Deteção). Frontiers in Bioscience, 14, 192-207. https://doi.org/10.2741/3262

9. Foster, K. A., & Fung, K. K. (Eds.). (2005). Botulinum Toxin: Therapeutic Clinical Practice and Science. CRC Press.

10. Nigam, P. K., & Nigam, A. (2010). Botulinum Toxin: A Clinical Overview. American Journal of Clinical Dermatology, 11(3), 149-159.

11. Van Ermengem, E. (1897). Über einen neuen anaëroben Bacillus und seine Beziehungen zum Botulismus. Zeitschrift für Hygiene und Infektionskrankheiten, 26(1), 1-56. https://doi.org/10.1007/BF02243160

12. Kerner, J. (1822). Neue Beobachtungen über die in Württemberg so häufig vorfallenden tödlichen Vergiftungen durch den Genuss geräucherter Würste. Tübingen.

13. Centros de Controlo e Prevenção de Doenças. (2020). Botulismo. Retirado de https://www.cdc.gov/botulism/index.html

14. Organização Mundial de Saúde. (2019). Botulinum Toxin. Recuperado de https://www.who.int/biologicals/areas/toxins/botulinum/en/

15. Dover, N., Barash, J. R., Hill, K. K., Detter, J. C., & Arnon, S. S. (2009). Mechanisms of Botulinum Neurotoxin Action and Detection Methods (Mecanismos de Ação da Neurotoxina Botulínica e Métodos de Deteção). Frontiers in Bioscience, 14, 192-207.

16. Foster, K. A., & Fung, K. K. (Eds.). (2005). Botulinum Toxin: Therapeutic Clinical Practice and Science. CRC Press.

17. Nigam, P. K., & Nigam, A. (2010). Botulinum Toxin: A Clinical Overview. American Journal of Clinical Dermatology, 11(3), 149-159.

18. Van Ermengem, E. (1897). Über einen neuen anaëroben Bacillus und seine Beziehungen zum Botulismus. Zeitschrift für Hygiene und Infektionskrankheiten, 26(1), 1-56. https://doi.org/10.1007/BF02243160

19. Kerner, J. (1822). Neue Beobachtungen über die in Württemberg so häufig vorfallenden tödlichen Vergiftungen durch den Genuss geräucherter Würste. Tübingen.

20. Centros de Controlo e Prevenção de Doenças. (2020). Botulismo. Retirado de https://www.cdc.gov/botulism/index.html

21. Organização Mundial de Saúde. (2019). Toxina Botulínica. Recuperado de https://www.who.int/biologicals/areas/toxins/botulinum/en/

22. J. E. Tudor, J. A. Sherry (2004). Armazenamento de ferro por Clostridium botulinum e sua relação com a germinação de esporos. Anaerobe, 10(5), 317-324. https://doi.org/10.1016/j.anaerobe.2004.06.001

23. M. R. Adams, S. P. Stacey (1995). Iron availability: a novel mechanism for control of Clostridium botulinum toxin production. Applied and Environmental Microbiology, 61(4), 1271-1273. https://doi.org/10.1128/AEM.61.4.1271-1273.1995

24. K. Nakamoto (2009). Metalloenzymes: Bioinorganic Chemistry. Em Inorganic Chemistry: A Textbook (5ª ed., pp. 515-520). John Wiley & Sons.

25. J. E. Tudor, J. A. Sherry (2004). Armazenamento de ferro por Clostridium botulinum e sua relação com a germinação de esporos. Anaerobe, 10(5), 317-324. https://doi.org/10.1016/j.anaerobe.2004.06.001

26. M. R. Adams, S. P. Stacey (1995). Iron availability: a novel mechanism for control of Clostridium botulinum toxin production. Applied and Environmental Microbiology, 61(4), 1271-1273. https://doi.org/10.1128/AEM.61.4.1271-1273.1995

27. K. Nakamoto (2009). Metalloenzymes: Bioinorganic Chemistry. Em Inorganic Chemistry: A Textbook (5ª ed., pp. 515-520). John Wiley & Sons

28. Dressler, D. (2020). Aplicações clínicas da toxina botulínica. Opinião Atual em Neurologia, 33(4), 492-497.

29. Sobel, J. (2005). Botulism. Clinical Infectious Diseases, 41(8), 1167-1173. https://doi.org/10.1086/444507

30. Pirazzini, M., Rossetto, O., & Eleopra, R. (2017). Neurotoxinas botulínicas: Biologia, farmacologia e toxicologia. Pharmacological Reviews, 69(2), 200-235.

31. Dressler, D. (2020). Aplicações clínicas da toxina botulínica. Current Opinion in Neurology, 33(4), 492-497. https://doi.org/10.1097/WCO.0000000000000821

32. Sobel, J. (2005). Botulismo. Clinical Infectious Diseases, 41(8), 1167-1173.

33. Pirazzini, M., Rossetto, O., & Eleopra, R. (2017). Neurotoxinas botulínicas: Biologia, farmacologia e toxicologia. Pharmacological Reviews, 69(2), 200-235.

34. Dressler, D. (2020). Aplicações clínicas da toxina botulínica. Opinião Atual em Neurologia, 33(4), 492-497. https://doi.org/10.1097/WCO.0000000000000821

35. Pirazzini, M., Rossetto, O., & Eleopra, R. (2017). Neurotoxinas botulínicas: Biologia, farmacologia e toxicologia. Pharmacological Reviews, 69(2), 200-235.

Apêndice

1. Livros :

-Botulinum Toxin: Therapeutic Clinical Practice and Science por Keith A. Foster e Keith K. Fung Este livro fornece uma exploração detalhada das aplicações clínicas da toxina botulínica, bem como a ciência por trás de seu uso terapêutico.

-Handbook of Clostridia por P. Durre Este manual abrange uma vasta gama de informações sobre clostrídios, incluindo Clostridium botulinum, com especial ênfase na biologia, patogénese e aplicações industriais.

2. artigos de investigação :

-Mecanismos de Ação da Neurotoxina Botulínica e Métodos de Deteção" por Dover N, Barash JR, Hill KK, Detter JC, Arnon SS. Este artigo explora os mecanismos de ação da neurotoxina botulínica e os métodos de deteção associados, fornecendo uma análise aprofundada das vias neurobiológicas afectadas.

-Botulinum Toxin: A Clinical Overview" por Nigam PK, Nigam A. Este artigo fornece uma visão clínica abrangente da toxina botulínica, cobrindo as suas aplicações terapêuticas em vários domínios médicos.

3 Sítios Web :

Centers for Disease Control and Prevention (CDC) on botulism O CDC fornece recursos e orientações actualizados sobre o botulismo, incluindo as informações mais recentes sobre a epidemiologia, o diagnóstico e o tratamento desta doença.

-Diretrizes da Organização Mundial de Saúde (OMS) sobre a toxina botulínica As diretrizes da OMS fornecem recomendações globais sobre a utilização segura e eficaz da toxina botulínica e o tratamento do botulismo.

MIX
Papier aus verantwortungsvollen Quellen
Paper from responsible sources
FSC® C105338

Printed by Books on Demand GmbH, Norderstedt / Germany